中国科学院生物与化学专家 胡苹 著

星蔚时代 编绘

哈！

看得见的化学

多样的
化学反应

中信出版集团 | 北京

图书在版编目（CIP）数据

多样的化学反应 / 胡苹著；星蔚时代编绘.

北京：中信出版社，2025.1（2025.2重印）. -- (哈！看得见的化学

). -- ISBN 978-7-5217-7066-7

Ⅰ. O6-49

中国国家版本馆CIP数据核字第2024SY7388号

多样的化学反应

（哈！看得见的化学）

著　　者：胡苹

编　　绘：星蔚时代

出版发行：中信出版集团股份有限公司

　　　　　（北京市朝阳区东三环北路27号嘉铭中心　邮编　100020）

承 印 者：北京瑞禾彩色印刷有限公司

开　　本：889mm × 1194mm 1/16　　　　印　张：3　　　字　数：150千字

版　　次：2025年1月第1版　　　　　　　印　次：2025年2月第2次印刷

书　　号：ISBN 978-7-5217-7066-7

定　　价：64.00元（全4册）

出　　品：中信儿童书店

图书策划：喜阅童书

策划编辑：朱启铭 史曼菲

责任编辑：房阳

特约编辑：范丹青 李品凯 杨爽

特约设计：张迪

插画绘制：周群诗 玄子 皮雪琦 杨利清 李佳文

营　　销：中信童书营销中心

装帧设计：佟坤

目录

分离混合物

我们在日常生活中，常遇到一些混合在一起的物质。根据使用需求，我们需要把它们分开。于是我们想出了很多种方法来分离混合物，你能想到哪些分离混合物的方法呢？

简单好用的过滤法

有一种简单方便的方法就是过滤。需要用到这种带孔洞的筛子。

这种分离方法称为过滤法，日常生活中最常用的就是过滤法。

你看，当我们让混合物通过筛子时，较小的物质可以从孔洞中通过，而较大的物质会被拦下来。

哇！这么简单就把不同物质分离开了。

水分子颗粒非常小，我们可以用漏勺捞起锅里的食物让它与水分离。

那边还有几个，全捞上来，不然我吃不饱。

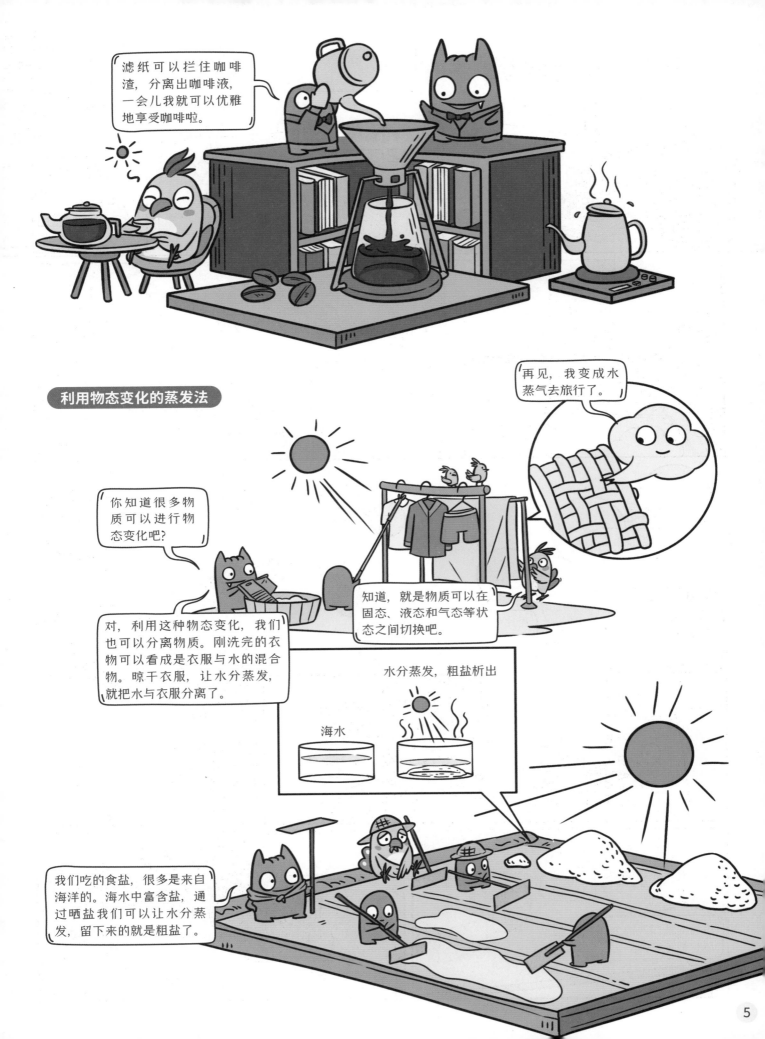

滤纸可以拦住咖啡渣，分离出咖啡液，一会儿我就可以优雅地享受咖啡啦。

利用物态变化的蒸发法

你知道很多物质可以进行物态变化吧？

对，利用这种物态变化，我们也可以分离物质。刚洗完的衣物可以看成是衣服与水的混合物。晾干衣服，让水分蒸发，就把水与衣服分离了。

再见，我变成水蒸气去旅行了。

知道，就是物质可以在固态、液态和气态等状态之间切换吧。

水分蒸发，粗盐析出

海水

我们吃的食盐，很多是来自海洋的。海水中富含盐，通过晒盐我们可以让水分蒸发，留下来的就是粗盐了。

单质与化合物

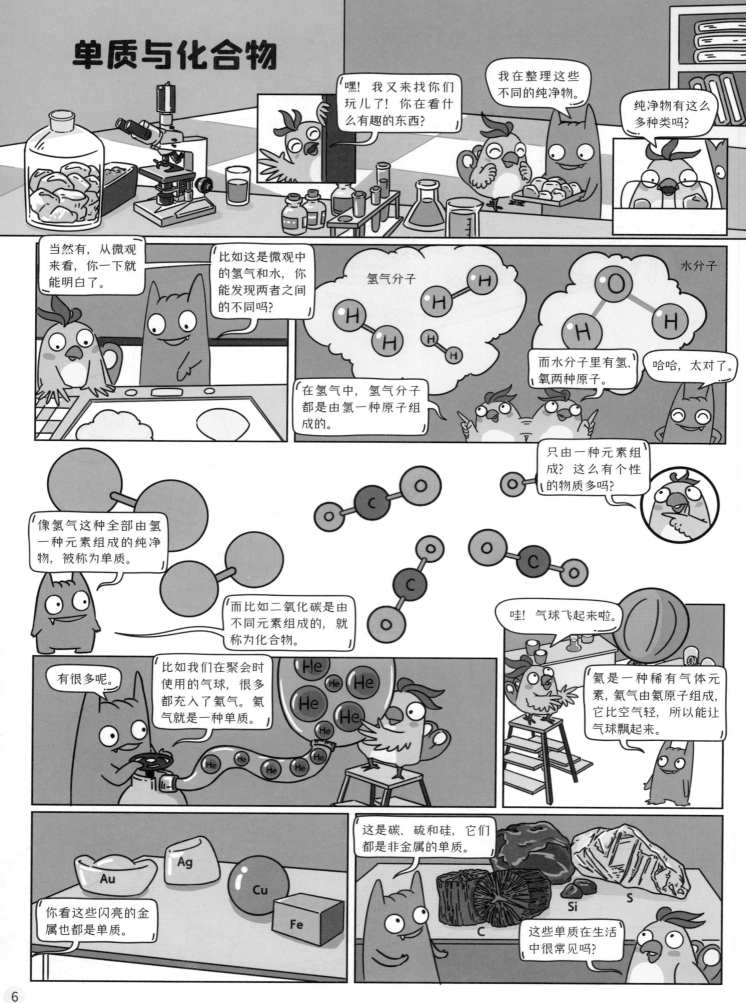

奇特的有机化合物

您所看到的这种颗粒状物质就是最新研制出的有机化合物材料，它硬度高，可制作发动机外壳，还可制成各种纤维……

我又来啦!

今天我听到了一个词，听起来很厉害，叫作有机化……学……物!

有机化学物？是有机化合物吧!

一字之差就完全不对了。

哈哈，是我记错了。我们时常会听到"有机物"这个词，感觉好神秘，是什么意思呢?

"有机物"就是对有机化合物的简称。这是一种对一类物质的称呼。

之前你已经了解了物质分类中的单质和化合物，有机化合物就包含在化合物中。

与有机化合物相对的是无机化合物。

纯净物 { 单质
         化合物 { 无机化合物
                  有机化合物 }

为什么会有这种分类呢?

因为人们最开始发现有些化合物只能在生物体内被合成出来。

伟大的有机合成材料

通过对有机化合物的研究，人们研制出了有机合成材料。这种材料的出现是人类应用材料上的一大突破，在过去，我们只能使用如木材、棉花等天然材料，掌握了研制有机合成材料技术后，人们可以依据需求创造自己想要的材料。

组成有机合成材料的奥秘

在了解有机化合物时，我们曾提到在有机化合物中有碳元素。可不要小看这些碳元素，它们在这些化合物中充当了连接各种元素的桥梁。

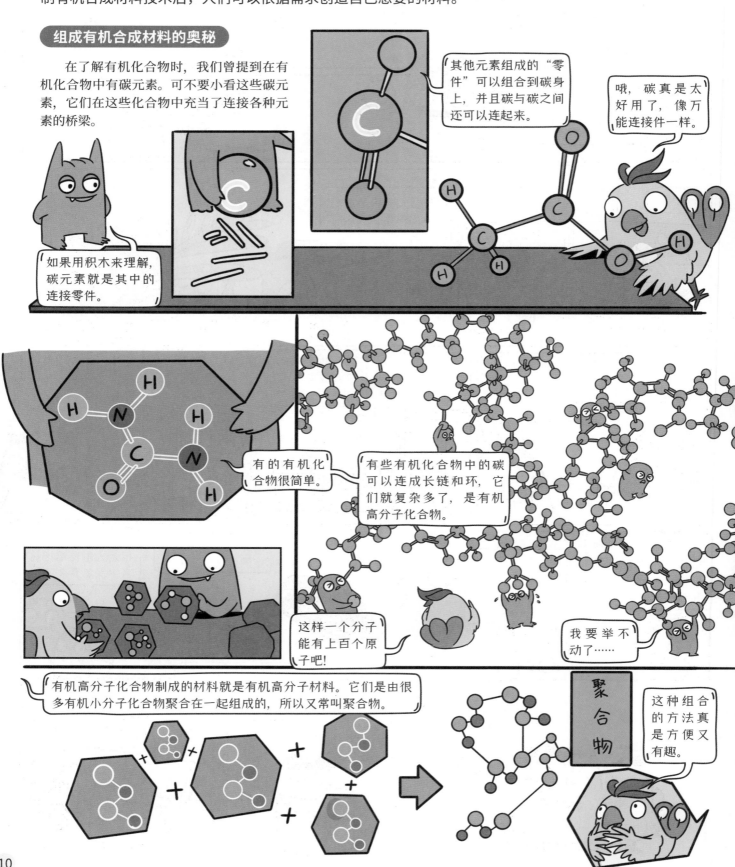

如果用积木来理解，碳元素就是其中的连接零件。

其他元素组成的"零件"可以组合到碳身上，并且碳与碳之间还可以连起来。

哦，碳真是太好用了，像万能连接件一样。

有的有机化合物很简单。

有些有机化合物中的碳可以连成长链和环，它们就复杂多了，是有机高分子化合物。

这样一个分子能有上百个原子吧！

我要举不动了……

有机高分子化合物制成的材料就是有机高分子材料。它们是由很多有机小分子化合物聚合在一起组成的，所以又常叫聚合物。

聚合物

这种组合的方法真是方便又有趣。

好处多多的有机合成材料

有机合成材料可以由成千上万个小分子组合而成，它们组合的方式也有很多种，有的可以"手拉手"形成延展性很好的链状结构，有的互相之间可以"手脚相连"，形成结实的网状，不同组合方式可以满足人们的不同需求。

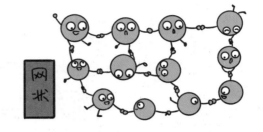

网状

链状

塑料可以说是我们最熟悉的有机合成材料了。它可以熔化成液体，被塑造成各种形状。

注塑

冷却

脱模

怪不得这么多玩具都是塑料做的。

你见过这种模型板件吗？零件和框架相连就是因为它们是用熔化为液体的塑料一次注塑成型的。

茄子

塑料还可以加工成各式各样的膜，你知道国家游泳中心——水立方吗？它的外墙就覆盖着合成材料制成的膜，所以呈现出这种奇特的建筑设计效果。

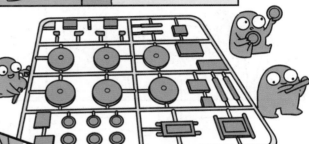

有毒气体

令人烦恼的有机合成材料

有机合成材料虽然好处多多，但也带来了一些麻烦。它们难以在自然环境中被微生物分解，一些合成材料在燃烧时还会产生有毒气体，所以如何处置这些垃圾就成了一项难题。

20世纪时，人们曾用合成材料制作过很多汽车外壳，但是这些材料都难以处理，也许几百年后还是这个样子。有些艺术家把它们做成了街头艺术品。

这也是对后人的一种警示吧。

让物质"合体"的化合反应

生活中的化合反应

有意思的化合反应都发生在实验室吗？其实在我们的生活中也有很多随处可见的化合反应。打开一包零食、翻翻冰箱……化合反应可能就藏在一些意想不到的地方。

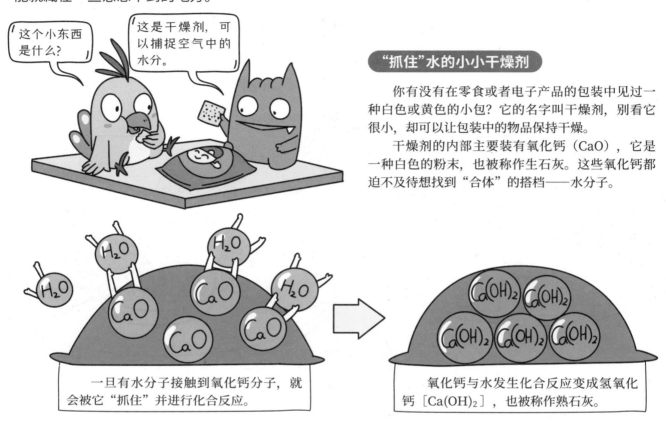

> 这个小东西是什么？

> 这是干燥剂，可以捕捉空气中的水分。

"抓住"水的小小干燥剂

你有没有在零食或者电子产品的包装中见过一种白色或黄色的小包？它的名字叫干燥剂，别看它很小，却可以让包装中的物品保持干燥。

干燥剂的内部主要装有氧化钙（CaO），它是一种白色的粉末，也被称作生石灰。这些氧化钙都迫不及待想找到"合体"的搭档——水分子。

一旦有水分子接触到氧化钙分子，就会被它"抓住"并进行化合反应。

氧化钙与水发生化合反应变成氢氧化钙［$Ca(OH)_2$］，也被称作熟石灰。

包装袋中的水分子会不停运动，只要它遇到干燥剂中的氧化钙，就会被拉住进行化合反应。这样包装袋中的水分子就变少了，可以保持包装袋中的干燥环境。

> 氧化钙与水的化合反应会发出大量的热，如果不小心把氢氧化钙吃到嘴里，会造成严重的伤害。

> 如果不小心误食干燥剂，要尽快就医。

干燥剂

用于加热的化合反应

绝大多数化合反应会发出热量，甚至发生剧烈的燃烧，所以我们生活中常常使用化合反应来获取热量。

点燃后，木炭中的碳元素会与氧气进行化合反应产生二氧化碳。这个过程中会释放热量。

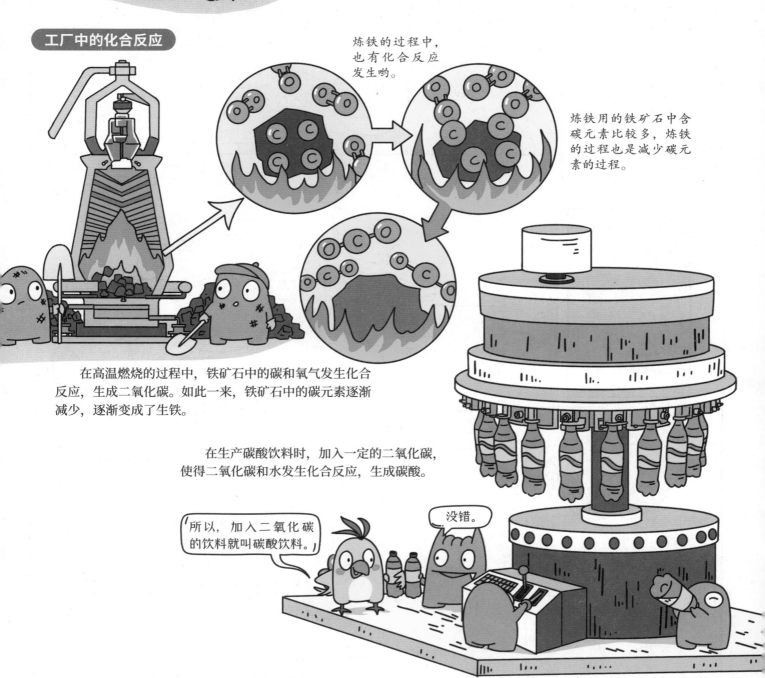

工厂中的化合反应

炼铁的过程中，也有化合反应发生哟。

炼铁用的铁矿石中含碳元素比较多，炼铁的过程也是减少碳元素的过程。

在高温燃烧的过程中，铁矿石中的碳和氧气发生化合反应，生成二氧化碳。如此一来，铁矿石中的碳元素逐渐减少，逐渐变成了生铁。

在生产碳酸饮料时，加入一定的二氧化碳，使得二氧化碳和水发生化合反应，生成碳酸。

所以，加入二氧化碳的饮料就叫碳酸饮料。

没错。

让元素"分道扬镳"的分解反应

奇怪……

有什么好奇怪的?

我观察很久了,这杯饮料里面怎么一直冒出小气泡呢?

H₂CO₃ 碳酸

这是因为饮料中有碳酸,它发生了分解反应,产生了二氧化碳和水。

CO₂   H₂O

分解产生的水留在饮料中了,而二氧化碳是气体,于是就变成气泡浮上来了。

分解反应?那是不是与化合反应的道理是相反的?

恭喜你猜对了。

一变多

AB → A+B

分解反应是一变多的反应。是一种物质生成两种或两种以上其他物质。

用字母表示就是 AB → A+B。

你们是不是早就准备好了?

你看,这是碳酸分子,构成它的元素间其实不太稳定。用你的比喻理解就是关系不太好。

为什么会发生分解反应呢?是化合物中的元素闹别扭了吗?

这个比喻确实很形象呢。

氢

啊……好想和碳分开,与氧在一起就好了。

碳

氢似乎不喜欢我,也许与氧在一起更舒服。

氧

要是分家,我和谁走都行。

碳酸

分解反应在哪里

在这个万物不断变化的世界中，少不了各式各样的分解反应。小小的微生物会利用分解反应将物质转化成其他成分，从中获取能量；人类也会利用分解反应取得生活所需的化合物；大自然中的一些独特景致也来自分解反应呢。

从糖中分解出的酒香

酿酒是一种历史悠久的食品加工技术，人们可以利用酵母菌将粮食、水果等原材料酿成香气四溢的美酒。

酿酒需要缺氧的封闭环境与适宜的温度，这样才能产生酒精。

酵母菌

我可以把糖分子分解成乙醇（酒精）和水，同时从中获得能量。

上次你打开的这瓶果汁放太久了，已经变质了，你闻闻。

好重的酒味，我头都晕了……

果汁中的糖分也会被酵母菌发酵成乙醇。

分解反应塑造的自然艺术品

你见过溶洞中奇特的石钟乳和石笋吗？它们就是自然界中分解反应的产物，在我们难以察觉的漫长时间中，这种化学反应持续进行，就形成了这些奇特的自然景观。

含有碳酸氢钙的水流从洞顶渗透并滴落。

分解产生的碳酸钙在顶层一点点沉积，形成石钟乳。

在石钟乳下方，滴落的溶液产生的碳酸钙凝固出石笋。

最终成长的石钟乳和石笋会连在一起形成石柱。

这个过程十分漫长，可能需要上万年甚至更长的时间。

那这些石钟乳和石笋比我的年纪可大多了。

千锤万凿出深山，
烈火焚烧若等闲。
粉骨碎身浑不怕，
要留清白在人间。

你能听出这首诗里提到了哪些化学反应吗？

我连诗都没明白，更别说化学反应了。

古诗词是中国文学史上的一颗灿烂的明珠，千百年来一直为人们传诵不衰，其中也不乏包含丰富化学知识的诗作。例如，明代于谦所创作的《石灰吟》。

千锤万凿出深山

此句描写的是开凿石灰石的过程。石灰石的主要成分是碳酸钙。

烈火焚烧若等闲

此句描写的是石灰石放到石灰窑里面高温煅烧。石灰石在高温条件下发生分解反应，生成氧化钙和二氧化碳。氧化钙俗称生石灰。

粉骨碎身浑不怕

制造生石灰的过程用物理变化和化学变化让石灰石粉碎，诗人借此抒发了不怕自我牺牲的精神。

要留清白在人间

氢氧化钙抹在墙上后，与空气中的二氧化碳发生化学反应，生成碳酸钙和水。墙上洁白坚硬的物质又变回了石灰石。

其实于谦写诗的时候只是描述了他所见、所想的情景，表达即使牺牲自己也要保持忠诚清白的品格，并没有考虑到化学问题。

你果然就是想出题为难我。

轮换上岗——置换反应

哈，这本看完了，找一本新书看吧。

你很守图书馆的规矩嘛。

对，它是一种单质和一种化合物发生反应，生成另一种单质和另一种化合物的反应。

拿一种，放一种，就像置换反应一样。

置换反应？又是一种新的化学反应类型吗？

反应前后都是一种单质和一种化合物

A+BC → B+AC

你们是真喜欢这套提示板呀。

打个比方来说，这种反应就像轮换上班一样。一个单质去上班，化合物中的另一种元素下班。

那我走啦，你们要好好相处。

我来啦，你可以下班喽。

巧用置换反应

虽然化学成为一门学科的时间并不久，但很早以前，人类就开始在生活和生产中应用化学了，其中就包括置换反应。置换反应可以让单质置换出化合物中的元素，因此置换反应可以广泛地应用在金属冶炼和原材料生产中。

久远的湿法炼铜

在中国古代，人们很早就认识到铜盐溶液中的铜可以被铁取代，从而发明出了"湿法炼铜"。

用化学反应试试金属的"性格"

"交换舞伴" 的复分解反应

生活中的复分解反应

　　复分解反应看似复杂，却是生活中非常常见的一类化学反应。它不光应用于生活中，更时刻发生在我们身体里。了解复分解反应，可以让你更好地理解生活中的一些小窍门。

酸碱中和的复分解反应

　　在化合物中有两类物质，它们被称为酸和碱。这两类物质在我们的日常生活中非常常见，它们之间的中和反应也是复分解反应。当我们想要去除某些酸或碱的时候，就要用到复分解反应。

　　运动后我们身体会疼痛，这是因为运动让我们肌肉内产生了过多的乳酸。苹果、香蕉、黄瓜等食物中的碱可以通过复分解反应帮助我们中和乳酸，缓解疼痛。

　　饮食过量有时会导致胃酸分泌过多，引起不适。一些胃药中含有氢氧化铝等碱性物质，它能和胃酸发生复分解反应，缓解不舒服的症状。

松花蛋在制作时会使用大量的碱，这会让松花蛋产生一种涩味，醋可以和碱发生复分解反应，从而减少涩味。

水垢的主要成分是氢氧化镁和碳酸钙。白醋可以与其发生复分解反应，产生溶于水的物质、水和二氧化碳。

蚊子唾液中含有的酸性物质会引起红肿、瘙痒。用碱性的肥皂水可以中和这些酸性物质，从而缓解症状。

让溶液有变化的复分解反应

复分解反应大多发生在溶液中，而复分解反应一般会生成沉淀、气体或者如水这样的弱电解质。这样会让溶液中的离子浓度降低。在自然界中，化学反应会让溶液趋向这种更稳定的状态。

平衡的化学反应

这次我们把左边的反应罩住，你看天平前后就没有变化了吧。

是我考虑不周。

哈哈，其实这个定律是过去很多化学家通过大量的实验才知道的。它可是自然界的基本定律之一。

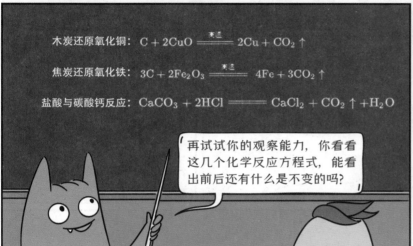

木炭还原氧化铜：$C + 2CuO \xrightarrow{\text{高温}} 2Cu + CO_2 \uparrow$

焦炭还原氧化铁：$3C + 2Fe_2O_3 \xrightarrow{\text{高温}} 4Fe + 3CO_2 \uparrow$

盐酸与碳酸钙反应：$CaCO_3 + 2HCl \xrightarrow{\quad} CaCl_2 + CO_2 \uparrow + H_2O$

再试试你的观察能力，你看看这几个化学反应方程式，能看出前后还有什么是不变的吗？

$CaCO_3 + 2HCl \xrightarrow{\quad} CaCl_2 + CO_2 \uparrow + H_2$

好像每个反应方程式前后出现的元素符号，种类不变。

恭喜你答对了！

任何化学反应发生后都不会出现新的元素。反应物中如果没有铁元素，那么化学反应后绝对不会产生含有铁元素的物质。

化学反应其实就是让已有的化学元素重新组合成新物质的过程，所以我们只能转变已有的元素。

所以如果我们想要用铁炼出金是不可能的，因为铁当中就没有金元素嘛。

炼金术士

无中生有这种好事果然是不存在的啊。

让铁生锈的氧化反应

氧化反应在日常生活中非常常见。比如切开的水果慢慢变色，这就是一种氧化反应。

缓慢的氧化反应

还有燃烧，也是氧化反应。燃烧是剧烈的氧化反应，会发光、发热。

剧烈的氧化反应

化学上把这种失去电子的反应就叫氧化反应，所以就是没有氧也可以叫氧化反应。

现在我明白我的自行车就是氧化反应的牺牲品了。

铁锈确实很麻烦呢，不仅不美观，如果放着不管还会让其他地方锈得更加严重。

啊？那我的自行车还有救吗？

别着急，当然有，除锈有很多种方法呢。比如我们可以用化学方式——除锈剂。

除锈剂

啊！我溶解了！

除锈剂中含有一些酸或碱性的溶液，它们可以分解铁锈，把它溶解掉，用布一擦就锃亮如新。

除了化学方法还有很多办法可以除锈。

比如打磨。

我还听说可以用喷砂机磨掉表面的锈。

我怎么觉得你们越弄越夸张了？

快停下来啊！

放心吧！一会儿你的自行车就要焕然一新啦！

防锈保卫战

铁是人类生产生活中最常用的金属之一，但铁的锈蚀却给铁的应用制造了很大的麻烦。当铁生锈后，不仅不美观，原本坚固的铁还会因为产生的三氧化二铁而变成质地松软的蜂窝状结构，严重影响它本来的强度，产生隐患。同时质地松散的铁锈还更容易创造让铁氧化的理想环境，让锈蚀加剧。为了避免让铁生锈，人们研究出了很多办法。

铁生锈的条件

所有的铁都会生锈吗？为什么有的铁生锈严重，有的铁却不会生锈呢？研究铁生锈的条件是我们防锈的第一步。

经过加热，含氧量很低的水

正常有水又有氧气的环境

不含水的密封环境

古人云："知彼知己者，百战不殆。"首先我们要明白，我们的敌人——铁锈在什么时候出现。

报告，经过实验，我们发现要在有水，又有氧气的环境下才最容易生锈。

我们最热心了，我来帮氧把铁的电子拿走，让你们更容易反应。

哈哈，有你们帮忙我才能与铁结合啊。

氧

嗯？发生什么事了？我要被氧化了？

铁

当铁生锈后，会产生细小的空洞，这些空洞容易让空气中的水分凝结，所以更容易加剧生锈。

所以让铁不生锈，会比阻止铁锈扩散更容易。

多样的防锈方法

知道了铁生锈的原因，我们就可以考虑防止铁生锈的办法。既然铁需要接触到氧气和水才会生锈，那我们可以使用各式各样的方法把铁同水或氧气隔开，这样就可以避免铁生锈了。

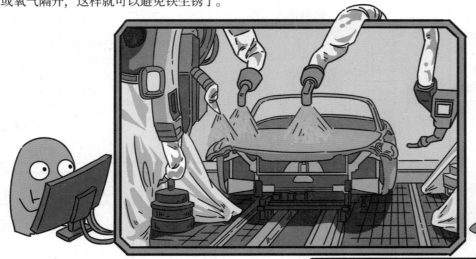

喷涂彩色"防锈服"

给汽车喷漆不仅是为了让车更加美观，在金属表面覆盖上一层油漆，还可以有效阻隔氧气和水，这样车身就不易生锈了。

电镀保护

电镀是把铁放入含有其他金属元素的溶液中，通过通电的方式让其他元素均匀地附着在铁表面，为铁穿上一层其他金属制成的"外衣"。这种外衣可以是锌等不容易氧化的金属，从而让铁同氧气和水隔绝，防止生锈。

哈哈，这下就不怕水和氧气了。

你看这个电镀好的铁片穿上了一层闪亮的"铠甲"。

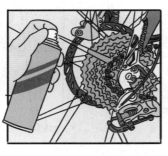

定期保护

给铁质的链条喷油不仅可以起到润滑作用，还可以利用油的疏水性避免链条上积水，从而避免链条生锈。

要定期给链条喷油，因为链条油会随时间而减少。尤其在雨季更要定期保养。

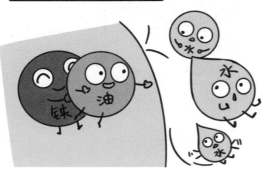

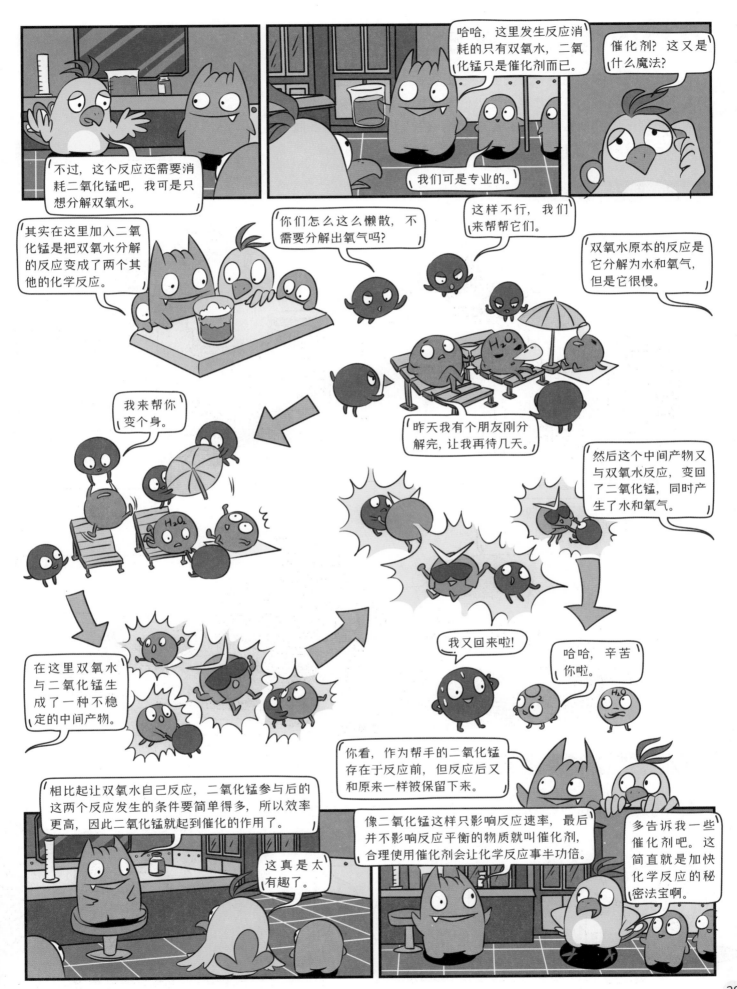

有趣的催化"魔法"

　　催化剂在化学应用中十分重要，在工业生产和日常应用中的化学反应大多需要催化剂，这样才能满足人们的需求。为各式各样的反应找合适的催化剂是化学应用中非常重要的一环，在我们身边就有很多催化剂，只要把它们放到对应的化学反应中，就会产生魔法一样的效果。

最常见的催化剂——水

　　我们常说水是生命之源，你知道它还是一种催化剂吗？很多反应在水的帮助下会加快进程，这也是我们这颗布满水的星球可以诞生如此多自然奇迹的原因之一。

不起眼的催化剂——草木灰

　　你会不会觉得草木燃烧之后的灰烬毫无用处呢？它们也可以成为有趣的催化剂呢。

汽车必备的三元催化器

你有没有注意过在汽车或者摩托车的排气管上总有非常粗的一段金属管。它就是这些车辆排气系统必备的三元催化器。这里面装着含有很多金属元素的过滤器，这些金属元素可以催化有害气体发生反应来减少污染物排放。

净化后的尾气

净化前的尾气

催化剂载体

积碳、油腻附着

在汽车尾气中含有一氧化碳和一氧化氮等有害气体，通过三元催化器的处理，它们可以变为无毒的二氧化碳和氮气。

抑制反应的抑制剂

催化剂不仅可以让化学反应变得更加迅速，还可以让反应变慢，这种催化剂最常见于食品中。

食物放置久了就会发生氧化、变质。如果加入水杨酸等物质就可以起到减缓反应和防腐的作用。

不过这些物质摄入过多对身体是有害的，所以要少吃这类加工后的食物。

影响化学反应的因素

在进行化学反应时，我们常常想让化学反应进行得更好、更快，以此来更高效率地得到化学反应的产物。那有哪些因素可以影响化学反应呢？看看下面的现象来得出答案吧！

增加接触面积，加强化学反应

在多种物质互相接触产生变化的化学反应中，物质与物质的接触面积对反应效果有很大的影响。我们常常会想办法扩大反应物间的接触面积来加强反应效果。

哇，这是什么表演，好漂亮啊！

这叫打铁花，是把熔化的铁水泼洒到空中。因为铁在空中燃烧发出耀眼的光芒，才会这么好看。

我们这个就点不着呢。

完全不好看。

差别这么大的原因就在于，打铁花是把铁散发到空气中，这样铁和氧气有更多的接触面积来反应，就发生了剧烈的燃烧。

但是灼烧铁丝时，氧气只能和很小的一部分铁接触，反应效果就变得很差了。

增加浓度,增强反应

在喝速溶果汁等冲调饮料时，是不是在水中放入的冲剂越多味道越浓？在有气体与溶液参与的反应中，反应物的浓度也是至关重要的因素，浓度不同，产生的效果可能完全不同。

温度对化学反应的影响

温度能够体现能量的高低，化学反应需要能量的帮助，所以当温度不同时，能对反应效果起很大的影响。